Faire une roseraie

Henry H. Saylor

Writat

Cette édition parue en 2023

ISBN : 9789359250601

Publié par
Writat
email : info@writat.com

INTRODUCTION

Je me souviens bien de la prudence qui m'a été donnée par un horticulteur réputé lorsque, dans un éveil soudain aux joies du jardinage, j'étais sur le point de tenter de cultiver presque tout ce qui était nommé dans le plus grand catalogue de graines et de plantes que j'ai pu trouver :

"Laissez la rose tranquille, elle ne vaut pas la peine de se battre."

Et je l'ai laissé tranquille, jusqu'au jour où, en parcourant une vieille librairie, je suis tombé sur un exemplaire bien feuilleté du "A Book About Roses" du bon vieux Dean Hole. Laissez-moi vous dire qu'il y a quelque chose de radicalement faux chez la personne qui peut lire ce livre et continuer ensuite péniblement son chemin morne et sans rose .

Mais pourquoi, s'il existe un livre comme celui-là, ai-je la présomption de proposer ce qui ne peut être, au mieux, qu'un faible rayon dans la flamme d'inspiration de son prédécesseur ? Simplement parce que le livre de Dean Hole et un volume ultérieur du révérend Andrew Foster- Melliar qui est presque aussi inspirant, avec peut-être des conseils encore plus utiles, sont tous deux écrits pour le rosarien anglais et pour un climat frais et humide qui nécessite un climat quelque peu différent. méthode de procédure tout au long par rapport à celle qui apporterait le succès dans la culture des roses ici en Amérique. Et puis, il y a à mon avis quelque chose d'encourageant dans un tout petit livre, un livre qui tentera simplement de jeter les bases d'une superstructure que, après tout, seule l'expérience peut apporter. Peut-être y a-t-il des gens qui, comme moi, se contentent de l'essentiel de la classification, se contentent de se faire expliquer les rudiments de base de la cultivation, et sont pressés d'en finir avec tous ces moyens simples pour parvenir à leur fin, afin de pouvoir commencer. faire pousser des roses.

Faire une roseraie

CLASSIFICATION

Quand on considère le fait que la majorité des botanistes reconnaissent plus d'une centaine d'espèces du genre *Rosa* , et qu'un botaniste français répertorie et décrit 4 266 espèces provenant uniquement d'Europe et d'Asie occidentale, on comprendra facilement que ce chapitre ne peut donner qu'un aperçu approximatif. , connaissance pratique des groupes et des espèces.

Heureusement, aux États-Unis, le rosarien amateur ne s'intéresse qu'à très peu d'espèces, en grande partie parce que les efforts de nos rosiéristes ont naturellement été limités à quelques groupes importants où le mérite général est le plus fortement marqué. En effet, pour les besoins d'une modeste roseraie, on ne se tromperait pas s'il limitait son choix de variétés aux hybrides de thé, aux hybrides perpétuels et à quelques thés, avec plusieurs hybrides wichuraiana et rugosa pour *treillis* et *haies* . .

Le nom Hybrid Perpetual est porté par un énorme groupe de roses qui ont été dérivées de diverses espèces, croisées et recroisées jusqu'à ce que la filiation soit dans la plupart des cas désespérément impliquée. La moitié « perpétuelle » du nom signifie que la rose continue de fleurir plus ou moins fréquemment tout au long de l'été. En fait, c'est généralement *moins* .

Les Thés ou roses de Chine parfumées au thé forment un groupe distinct facilement reconnaissable au parfum caractéristique des fleurs et à la douceur de ses feuilles. Les thés sont en quelque sorte les aristocrates de la roseraie. Ils fleurissent sans grand bruit de trompettes en juin, comme les perpétuelles, mais ils continuent régulièrement leur travail de production de fleurs exquises, une ou deux à la fois, tout au long de l'été. Leur seul handicap sérieux est le manque de rusticité, qu'ils ne possèdent qu'à un degré léger et très variable ; et ils doivent être très soigneusement protégés dans le nord pour pouvoir passer l'hiver en toute sécurité. Même si j'étais obligé d'acheter de nouvelles plantes chaque printemps, je n'aurais pas de roseraie sans thés.

Ulrich Brunner, un Hybride Perpétuel rouge qui jouit d'une excellente réputation. Le type HP se caractérise par sa rusticité et une grande liberté de floraison en juin. Ensuite, tout au long de l'été, la charge de l'exposition doit être supportée par les Thés et Thés Hybrides.

Les Thés Hybrides, comme leur nom l'indique, sont des croisements réussis entre le Thé et les roses du groupe Hybride Perpétuel. Cette classe combine la persistance du Thé avec la croissance plus robuste des Perpétuelles, et c'est de là que nous produirons probablement la grande majorité de nos roses de jardin pendant quelques années à venir.

La Rose Mousse, dont vous voudrez sûrement un représentant dans votre jardin, appartient au groupe Provence, comme on le verra dans le classement tabulaire à la fin de ce chapitre. Qui ne connaît pas ses magnifiques bourgeons dans leur écrin de tiges moussues ? Cette rose, comme tant d'autres qui n'ont pas autant emporté nos affections, a fermement refusé de mélanger son sang avec une autre espèce et a conservé ses bons et ses mauvais côtés pendant plus de trois cents ans. Il est assez rustique mais plutôt sensible au mildiou.

Il existe également d'autres roses, en dehors des groupes plus vastes et les plus connus, des roses qui, en raison de quelque mérite exceptionnel dans une direction ou en raison d'associations passées, mettent une main forte sur nos cordes sensibles et plaident pour un coin obscur du monde. nouvelle roseraie : la hérissée Scotch Rose, la odorante Damasks, la sweetbrier ou églantine au feuillage parfumé inimitable, les Penzance Brier Hybrids, la White Banksian des jardins du sud avec son odeur de violette, le Persan

Yellow des jardins de nos grands-mères , et la rose du chou aux cent pétales, parent de la mousse.

Les rosiers grimpants se trouvent dans de nombreux groupes : Wichuraiana, Ayrshire, Polyantha, Musk, Noisette et comme sports dans les groupes Hybrid Perpetual, Tea et Hybrid Tea.

Mais c'est dans une autre classe que l'on peut chercher les roses américaines idéales du futur. Il n'y a pas si longtemps, trois indigènes du Japon nous sont arrivées, *Rosa wichuraiana* , *Rosa multiflora* et *Rosa rugosa* . Des deux premiers ont été développés par nos hybrideurs américains la race des Ramblers, tandis que du troisième sont nés des enfants aussi robustes que Conrad F. Meyer, peut-être le rosier de haie idéal pour notre climat nordique. Selon le professeur Charles S. Sargent, doyen de l'horticulture américaine, c'est dans la lignée des hybrides *rugosa* que nous réussirons à remplir nos jardins de grands rosiers beaux, robustes et à floraison continue.

Le climat du Sud et de la Californie semble parfaitement adapté aux thés, produisant une richesse de fleurs exquises qui remplissent d'envie ceux d'entre nous qui vivent dans un environnement plus éprouvant. Dans le Sud, on trouve aussi la Rose Cherokee (*Rosa lævigata* ou *sinica*), s'épanouissant le long des routes et en grandes masses dans les prairies, ses longues tiges arquées portant une richesse de fleurs simples d'un blanc pur, de quatre ou cinq pouces de diamètre, dans un décor de feuillage brillant et persistant. C'est l'un des espoirs de nos hybrideurs américains et vise à le croiser avec une rose rustique afin d'acquérir une endurance suffisante pour le Nord.

Et dans l'Oregon, les hybrides perpétuels et les thés hybrides atteignent une taille et une beauté inégalées dans le monde entier. Pratiquement toutes les espèces de roses peuvent être cultivées dans le district de Puget Sound, et les amateurs de cette localité semblent avoir aussi peu de problèmes avec les ravageurs des roses que nous en avons ici avec nos arbustes décoratifs rustiques.

Maréchal Neil, un rosier Thé tendre et grimpant, de couleur jaune doré foncé, nécessite une protection hivernale dans le Nord. Le thé est l'aristocrate de la roseraie, inégalé pour son parfum délicat, la forme raffinée de ses fleurs individuelles et sa floraison continue tout au long de l'été.

Pour résumer toute la question de la classification et montrer les positions relatives de nombreux groupes qui, faute de place, n'ont même pas été mentionnés ci-dessus, la clé tabulaire suivante est donnée - une forme légèrement modifiée de la classification donnée dans la Cyclopédie de Horticulture américaine :

I. Rosiers à floraison estivale, fleurissant une seule fois

A. À grandes fleurs (doubles).

1. Croissance ramifiée ou pendante ; feuille ridée.

Provence

Mousse

Pompon

Sulphurée

2. Croissance ferme et robuste ; feuille duveteuse.

Damassé et français

Français hybride

Hybride Provence

Bourbon hybride

Chine hybride

3. Sans croissance ; feuille blanchâtre dessus ; mou. *Alba*

B. À petites fleurs (simples et doubles).

1. Croissance croissante ; fleurs produites seules.

Ayrshire

2. Croissance à articulations courtes, généralement, sauf en zone alpine.

Briières

autrichien

AutrichienScotch

AutrichienneSweet

AutrichienPenzance

AutrichienPrairie

AutrichienneAlpine

3. Augmentation de la croissance ; fleurs en grappes.

Multiflore autrichienne

AutrichienPolyantha

4. Sans croissance ; feuillage persistant (plus ou moins brillant).

À feuilles persistantes

Sempervirens

Sempervirens Wichuraiana

Sempervirens Cherokee

Sempervirens Banksien

5. Sans croissance ; feuillage ridé.

Pompon Sempervirens

II. Rosiers à floraison estivale et automnale, fleurissant plus ou moins continuellement

A. À grandes fleurs.

1. Feuillage très rugueux.

Hybride perpétuel

Thé hybride

Mousse

2. Feuillage rugueux.

Bourbon

Bourbon perpétuel

3. Feuillage lisse.

Chine

Thé

Lawrenceana (Fée)

B. À fleurs plus petites.

1. Feuillage caduc

un. Habitude à grimper.

Musc

Noisette

Ayrshire

Polyantha

Hybrides Wichuraiana

b. Port nain, buissonnant.

Briers perpétuels

Rugosa

Lucide

Microphylle

Berbéridifolia

scotch

2. Feuillage plus ou moins persistant.

À feuilles persistantes

Macartney

Wichuraiana

SITUATION ET SOL

S'il existe un secret pour cultiver de belles roses en abondance, il réside dans le strict respect de quelques principes fondamentaux par lesquels les rosiers, ou les buissons si vous préférez, reçoivent un emplacement et un sol qui leur conviennent. et nourrissant. Si pendant un instant vous avez pensé que le succès dépend d'un insecticide particulier pour l'annihilation des pucerons, ou d'une règle stricte pour l'élagage, ou de l'utilisation d'un engrais ayant des attributs magiques, chassez cette pensée de votre esprit, une fois pour toutes. Les insecticides, une taille judicieuse et une fumure appropriée jouent chacun un rôle important dans la campagne, mais au-delà de tout cela se trouve le premier choix de l'emplacement et la préparation du jardin dans lequel les roses doivent pousser. La guerre contre les ennemis de la rose ne peut être qu'une lutte unilatérale et désespérée si nous travaillons contre la nature jusqu'au bout. Nos premiers efforts pour établir les rosiers eux-mêmes si fermement dans un environnement sain et agréable que ce sont eux, plutôt que nous, qui supporteront le poids de la lutte contre les insectes nuisibles, seront bien plus faciles et plus sûrs en effet.

En Chine, on me dit qu'il existait autrefois une coutume selon laquelle l'empereur payait un bon salaire à son médecin tant que le dirigeant restait en bonne santé. S'il tombait malade, le salaire du médecin s'arrêtait ; s'il mourait, la tête du pratiquant lui tombait.

Soyez généreux dans la quantité de réflexion et de soins que vous accordez pour fournir santé, nourriture et force à vos rosiers, et par conséquent, vous devrez accorder très peu de réflexion et de soin à guérir les maladies et à tuer les punaises des roses et les limaces.

Abordons d'abord la question de la situation. Malheureusement, la plupart d'entre nous ont peu de marge de manœuvre à cet égard, car la banlieue moyenne n'est pas celle qui offre des collines et des vallées, des espaces ouverts balayés par le vent et un abri chaud. L'emplacement idéal ne se trouve ni au sommet d'une colline, où les vents hivernaux pourraient perturber notre protection hivernale, ni dans un creux bas, où les gelées sont toujours plus fréquentes. Une pente douce vers le sud, bien au-dessus des points bas voisins dans lesquels l'air froid s'écoulera, à l'abri en quelque sorte du nord, serait tout ce que nous pourrions demander. Cependant, en ce qui concerne cet abri, nous rencontrons une difficulté supplémentaire, car notre roseraie doit être éloignée de tout arbre. Il est de notoriété publique que le système racinaire d'un arbre s'étend, en règle générale, aussi loin de la base que l'arbre s'élève par rapport au sol. De toute évidence , ce serait simplement une perte de temps et d'efforts que de localiser la roseraie là où les racines affamées des arbres la priveraient de la nourriture fournie par les roses. En général, nous devrons donc utiliser le mur d'une maison ou un mur de jardin pour notre protection nécessaire, bien qu'en cas de nécessité nous puissions couler un mur de maçonnerie ou une plaque de fer comme barrière entre la couche supérieure de terre riche de notre rosier. les plates-bandes et les racines des arbres abritants.

Killarney, la rose Hybrid Tea relativement nouvelle, ayant une belle couleur rose coquille, a acquis une grande popularité. L'Hybride Tea combine dans une certaine mesure la rusticité de l'Hybride Perpétuel avec la floraison continue du Thé.

Le soleil, il est peut-être inutile de le dire, est essentiel, même si l'on constatera que si les plates-bandes sont à l'ombre pendant la première partie de la matinée, on aura plus de chances de profiter des roses à leur meilleur, avant que la rosée ne soit bue. de leurs pétales par les rayons assoiffés du milieu de l'été.

La question de la taille et de la conception du parterre de roses est relativement peu importante ; ce qui est vraiment vital, cependant, c'est que les roses puissent avoir les plates-bandes pour elles-mêmes, absolument. Mais récemment, j'ai lu un article de magazine censé être de bons conseils pour les amateurs de culture de roses. Là figuraient des mots regrettant que la rose doive avoir des tiges si nues et décharnées, et suggérant comme remède la culture d'une vigne autour de la base du buisson. Je ne suis pas sûr, en effet, que le chèvrefeuille n'ait pas été spécifiquement nommé pour le lieu. J'imagine bien que le résultat pourrait être un très beau chèvrefeuille, mais c'est en vain qu'on chercherait là la rose.

Gardez les roses seules ; non seulement elles prospéreront mieux, mais leur beauté ne semble pas augmentée par rapport aux autres fleurs.

La Reine des Fleurs ne tolérera aucune liberté de ce genre. Elle insiste pour régner seule dans sa gloire, et quiconque ose oser introduire ne serait-ce qu'un couvre-sol à croissance basse et aux racines peu profondes dans le but de rendre le parterre de roses moins nu ne verra jamais ses roses à leur meilleur. Personnellement, je n'ai jamais pensé qu'une roseraie devait être le moins du monde peu attrayante. Il existe un type de beauté qui pourrait être représenté par un tapis de phlox rampant ; il y en a une autre qui appartient à la roseraie, portant çà et là ses fleurs simples, éparses, parmi le feuillage vert et les tiges épineuses. Dans le premier cas, on regarde l'effet de masse sans penser à la beauté des fleurs individuelles ; dans ce dernier cas, le regard cherche instinctivement la seule fleur pour s'abreuver de sa beauté et de son parfum. Ah, mais vous dites, qu'en est-il du moment où il n'y a pas une seule rose en vue ? Il n'y a pas besoin d'une telle période entre le printemps et l'automne si vous plantez votre roseraie de manière optimale. Il n'est ni nécessaire ni raison de rassembler toutes les roses qui fleurissent en juin, les thés et les hybrides de thé étant isolés dans un autre endroit. Si les types remontants sont disséminés dans votre jardin , vous n'aurez jamais besoin, entre mai et octobre, de chercher un rosier en vain.

La forme des parterres peut également être telle qu'elle évite l'apparition d'un « trop de saleté » dans la roseraie. Pour ma part, j'aurais un jardin rectangulaire et de simples parallélogrammes pour les parterres, bien que la roseraie autour d'un élément central ait ses forts attraits. Mais si vous disposez les plates-bandes en unités longues et étroites - quatre pieds de large pour une double rangée de plantes ou vingt pouces de large pour une seule rangée, et aussi longtemps que votre bourse le permet, en laissant des chemins entre les rangées de gazon plutôt que de gravier ou en brique et les parterres légèrement enfoncés au-dessous de ce gazon, la roseraie n'a jamais besoin d'être moins que la plus attrayante. Évitez les plates-bandes plus larges que celles qui peuvent accueillir deux rangées de plantes, car il est essentiel que chaque rosier du jardin soit immédiatement accessible depuis un chemin.

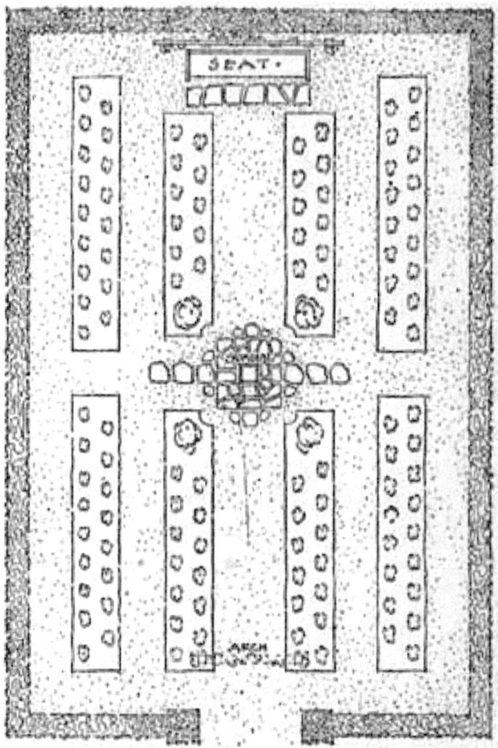

Une suggestion pour une roseraie rectangulaire avec des allées de gazon. Les lits ont environ quarante pouces de largeur, les sentiers quatre pieds, sauf celui du centre, qui a cinq pieds de largeur. Une haie, qui pourrait être en *rugosa* , apporte un air d'isolement souhaitable.

À ces personnes intensément pratiques qui s'opposent à l'idée de parcourir des allées mouillées par la rosée lors de la visite matinale de la roseraie, permettez-moi de souligner l'impossibilité évidente d'avoir des allées de gravier immédiatement adjacentes aux parterres de roses, et le soin continu requis pour maintenir dans un état présentable une étroite bande de gazon entre le chemin et le lit.

Passons maintenant à la préparation du parterre de roses lui-même. Tout d'abord, creusez le sol jusqu'à une profondeur d'au moins deux pieds, en gardant la terre végétale, les mottes de terre et le sous-sol en tas séparés au fur et à mesure de leur retrait. Ameublissez le fond de la tranchée avec une pioche et, si le sol a besoin d'être drainé, ce qui sera le cas s'il s'agit d'une surface compacte et détrempée, mettez une couche de pierres, de cendres et d'autres matériaux qui ne se décomposeront pas. Au-dessus de cet endroit, le meilleur du sous-sol mélangé à un généreux apport de fumier bien décomposé. Ajoutez enfin le gazon bien broyé et la terre végétale, également enrichie de fumier. Remplissez ensuite le lit avec suffisamment de bonne terre végétale, sans fumier, pour l'amener à deux ou trois pouces au-dessus de la surface adjacente. Assurez-vous que la surface du lit, une fois stabilisée, sera d'environ un pouce en dessous de celle du gazon adjacent afin de retenir l'humidité de la pluie. Cette préparation du lit doit être effectuée au moins plusieurs semaines avant le moment de la plantation.

Lors de la composition du sol pour le parterre de roses, il est bon de se rappeler que les hybrides perpétuels nécessitent un sol lourd contenant un peu d'argile. Pour les thés et les thés hybrides, un sol plus léger et plus chaud est préférable. Dans son plus admirable « Livre de la Rose », le révérend Andrew Foster- Melliar raconte un incident amusant en rapport avec la terre. Le bon recteur dînait au restaurant et on lui avait servi une généreuse portion de pudding aux prunes. C'était très sombre, riche, fort et gras. Distraitement, il se rassit sur sa chaise et regarda attentivement le plat. Son hôtesse, remarquant son hésitation, lui demanda si quelque chose n'allait pas avec le pudding. "Oh, non," répondit le recteur sans réfléchir, "je pensais à quel point ce serait rare de faire pousser des roses."

La terre végétale provenant d'un vieux pâturage, s'il s'agit d'un terreau moyennement lourd, pris avec les racines de l'herbe et haché très finement, fera un excellent travail pour les hybrides perpétuels. Pour les Thés et Hybrides de Thés, mélanger à cette terre environ un quart de sa masse de sable et de terreau de feuilles pour l'alléger. N'oubliez pas que tout le fumier utilisé doit être incorporé aux deux tiers inférieurs du lit ; le tiers supérieur ne doit pas contenir de fumier récemment ajouté, car il pourrait endommager les racines des nouvelles plantes.

PRÉPARATION ET PLANTATION

Dans les environs de New York et plus au nord, je pense que l'on constatera que les semis de printemps sont les meilleurs. Au sud de Philadelphie, de nombreuses roses poussent à l'automne, car ici elles s'établissent bien avant l'arrivée du froid et sont donc prêtes à commencer une croissance active dès les premières touches du printemps.

Si l'on choisit la plantation de printemps, les plantes doivent être mises en terre tôt, à la première occasion, afin qu'elles aient le temps de s'établir solidement avant les fortes chaleurs. Bien entendu, les plantes cultivées en pot dans une serre ne peuvent pas être plantées tant que tout danger de gel n'est pas écarté. On ne peut pas s'attendre à ce que des roses plantées si tard donnent des résultats de floraison vraiment satisfaisants la première année. Les roses plantées au début du printemps, si elles sont cultivées en plein champ comme expliqué ci-dessous, donneront, avec une culture appropriée, au moins une quantité raisonnable de floraison la première année, mais pas autant que les années suivantes.

On entend beaucoup de débats sur la question de savoir s'il est préférable de cultiver les roses sur leurs propres racines ou sur des plants plus robustes, comme le Manetti pour les hybrides perpétuels et le brier pour les thés hybrides, qui sont probablement les meilleurs plants de roses de ce pays. . Il semble y avoir un consensus général selon lequel les roses bourgeonnées sur ces souches prospéreront de manière beaucoup plus luxuriante et donneront de bien meilleures fleurs que celles qui dépendent de leur propre système racinaire. Il est cependant nécessaire de fixer le point auquel la pousse bourgeonne jusqu'au cep à environ deux pouces sous la surface ; sinon , il y a un danger constant que des drageons jaillissent de la racine et, si on les néglige pendant un certain temps, ils tueront les pousses les plus désirables.

Plusieurs sortes de roses sont proposées par les marchands pour la plantation au printemps. Il existe les roses cultivées en pot mentionnées ci-dessus, la seule forme sous laquelle de nombreuses plantes grimpantes peuvent être facilement obtenues. Les maisons de vente par correspondance ont pour habitude d'envoyer les hybrides perpétuels, les thés hybrides et les thés également sous cette forme de très jeunes plants cultivés à partir de boutures sous serre pendant l'hiver. Les rosiers cultivés en plein champ qui ont initialement été bourgeonnés sur des Manetti ou des bruyères et, généralement sous une forme âgée de deux ans, sont retirés du sol l'automne précédent pendant leur dormance, pour rester au froid. maisons jusqu'à ce qu'elles soient prêtes à être plantées. De telles roses fleuriront sûrement dès la première saison et sont bien mieux équipées pour le choc d'être à nouveau plantées en pleine terre que les plantes cultivées en pot qui n'ont jamais goûté à la vraie vie de jardin.

Un mot d'avertissement pourrait être lancé avec profit contre les roses bon marché bourgeonnées sur des plants *multiflores* , cultivées en Hollande et vendues dans certains grands magasins. Ils ont une durée de vie courte et sont très pauvres en comparaison des plantes de bruyère et de Manetti . *Multiflora* a été entièrement abandonnée comme stock par les producteurs anglais et irlandais.

Les roses sur leurs propres racines ont l'avantage d'être moins chères, en raison de l'économie de main-d'œuvre nécessaire à la frappe des boutures plutôt qu'au bourgeonnement - les plantes d'un an coûtent un dollar les six à douze ; les buissons de deux et trois ans, qui sont bien entendu beaucoup plus désirables, coûtent plus cher en proportion. Les roses en boutons dormantes cultivées en plein champ coûtent, à l'âge de deux ans, entre trente-cinq cents et un dollar chacune.

Une rose de thé dormante telle qu'elle est reçue du producteur pour être plantée en mars. Après la plantation, il faudra encore le tailler davantage.

Avant de planter les plantes, examinez-les soigneusement et coupez les racines cassées avec un couteau bien aiguisé, ainsi que tous les yeux qui peuvent apparaître sur le porte-greffe, afin de prévenir les drageons. Les plantes doivent être plantées dès leur réception par le pépiniériste, afin qu'elles ne se dessèchent pas. Si elles semblent sèches, il peut être judicieux de plonger les racines dans de la boue fine juste avant la mise en place. Faites le trou suffisamment grand pour accueillir toutes les racines de la plante sans encombrement, en n'oubliant pas de placer le point de bourgeonnement à au moins ou à plus de deux pouces sous la surface et avec les racines étalées presque horizontalement, mais inclinées vers le bas vers leurs extrémités et sans en croiser une. un autre. Ce ne sera pas une tâche facile, car lors du transport, les racines auront probablement été tellement comprimées qu'elles s'étendent presque directement vers le bas à partir du collet. Une fois les plantes bien fixées et la terre soigneusement tassée autour des racines, ratissez le sol pour l'ameublir sur toute la surface. Le sol sera probablement suffisamment humide à ce moment-là pour ne pas avoir besoin d'être arrosé.

Pour les plantes cultivées en pot, la motte de terre humide qui entoure les racines est soigneusement conservée intacte et placée dans le trou préparé pour la plante. Fixez fermement la plante en appuyant avec la semelle de vos chaussures, arrosez généreusement et enfin ameublissez la surface du sol avec un râteau.

Il est absolument indispensable de maintenir la surface du sol ameublie à l'aide d'une houe et d'un râteau en acier bien aiguisé tout au long de l'été. Après de très fortes pluies, ameublissez le sol dès qu'il est suffisamment sec pour pouvoir travailler, afin de conserver l'humidité.

FERTILISATION

Un contraste saisissant avec la beauté exquise de la rose est la nourriture que nous devons lui donner en abondance si nous voulons avoir les plantes les plus saines . Mais pour le véritable passionné de roses, le retournement d'un tas de fumier pour obtenir du fumier sous la forme idéale, ou la dilution des sous-produits de l'étable avec de l'eau pour en faire le meilleur stimulant, n'ont rien de ce qui est dans l'intérêt. le moins répréhensible.

Si le sol dont nous disposons est enclin à être riche en argile, nous ne pouvons probablement pas faire mieux que d'y incorporer du fumier d'étable bien décomposé, en le ratissant, bien pulvérisé, en surface au début du printemps. En revanche, dans les sols sableux ou graveleux, le fumier de vache ou celui de la porcherie seront bien meilleurs. Il ne faut pas oublier que lorsqu'il est correctement planté, le rosier a des racines relativement peu profondes, de sorte que cet ramassage de vieux fumier fin dans le sol ne doit être que cela, et non l'enfouissement *profond* de fumier à moitié pourri dans le lit avec une bêche. -fourchette. Le but de la méthode préconisée est de déposer le fumier solide là où les pluies printanières l'amèneront à temps jusqu'aux racines nourricières, et sous la forme liquide dans laquelle il sera facilement assimilé.

La théorie de cette alimentation avec du fumier montrera clairement qu'une application appropriée du lisier présente pratiquement tous les avantages de la première méthode sans ses inconvénients. Car le fumier solide, s'il est appliqué sur les lits en quantités suffisantes pour avoir une valeur réelle, a tendance à retenir l'air nécessaire hors de la couche arable et à entraîner à sa suite une abondance de mauvaises herbes qui seront difficiles à exterminer. Ainsi, à l'exception des sols légers et sableux, où l'humus est nécessaire, nous ferons bien de nourrir la roseraie avec de la nourriture liquide.

Le moment où ce stimulant sera le plus efficace se situe dans les mois de mai et juin, lorsque la plupart des plantes mettent tous leurs efforts dans la formation des bourgeons. Retenez le liquide pendant les périodes sèches, car il est plus apprécié immédiatement après une bonne pluie détrempante.

Évitez de mettre le fumier sur le feuillage et assurez-vous qu'il privilégie la faiblesse plutôt que la force. Suspendre un sac en toile de jute contenant un boisseau de fumier de vache dans un baril d'eau pendant deux jours donnera une solution qui doit être diluée avec sa propre quantité d'eau. Un demi-gallon par plante chaque semaine constituera une alimentation normale suffisante.

Immédiatement après le dosage, passez les lits avec un râteau ou une binette et ameublissez la surface pour éviter l'évaporation.

Un principe essentiel dans l'alimentation des rosiers semble être instinctivement négligé par sept jardiniers amateurs sur dix. En effet, une plante saine et à forte croissance a besoin et absorbera une grande quantité de fumier liquide ; une plante malade, ou pas encore bien implantée, n'a pas besoin et ne peut pas absorber même la quantité normale de cette nourriture. Pourtant, combien de fois sommes-nous tentés de nourrir à l'excès ce faible et de refuser de nourrir le buisson robuste voisin, parce que ce dernier « n'en a pas besoin ». Gardez simplement à l'esprit que nous ne donnons pas du bordeaux à un enfant chétif qui lutte contre les effets de la malnutrition, mais qu'un garçon en bonne santé et en pleine croissance peut consommer une quantité étonnante de nourriture et de boissons.

Pour passer en revue les activités de fertilisation de l'année : mettons une couche de fumier grossier sur les lits à l'automne, à environ trois pouces de profondeur, avec une protection supplémentaire là où le climat l'exige. Au printemps, nous ratisserons la partie grossière de cette couverture, laissant le fumier finement pulvérisé être ratissé doucement dans la couche arable si elle a besoin de cet humus supplémentaire (la valeur nutritive du fumier aura été emportée par la pluie et la neige de l'hiver). . Si notre sol est argileux, tout le top dressing sera sarclé. En mai et juin viennent les applications généreuses du lisier, et pour les Thés et Perpétuelles qui continuent réellement à fleurir, ces applications pourraient bien se poursuivre tout au long de l'été à des intervalles moins fréquents, en s'arrêtant fin août, disons. disons, afin de ne pas favoriser inutilement la pousse du bois à la fin de l'été.

Même si peu d'entre nous, selon toute probabilité, se trouveront dans la situation inhabituelle de n'avoir pour nos roseraies qu'un sol surfertilisé dans un jardin utilisé depuis longtemps, il peut être bon de mentionner le fait qu'un tel sol ne produira pas de bons résultats. des roses. Le traitement à la chaux aidera les choses pendant un certain temps, mais si cela est possible, nous devrions refaire le jardin avec de la terre vierge.

L'emploi du nitrate de soude et des stimulants similaires peut être entrepris avec parcimonie au printemps, mais il vaut mieux les laisser aux jardiniers qui ont appris, peut-être grâce à des expériences désastreuses, comment les utiliser correctement.

TAILLE

La rose fait partie de ces plantes qui semblent avoir besoin de la main ferme de l'homme pour les diriger dans la voie où elles doivent pousser. Si elles sont laissées à elles-mêmes, la plupart des roses hautement cultivées reviennent rapidement à des types inférieurs ; ils ont besoin du sécateur impitoyable pour les inciter à faire de leur mieux.

On voit aisément qu'une taille sévère tend, en général, vers une plus grande beauté des fleurs individuelles, tandis qu'une taille légère favorise une forme plus arrondie du buisson au détriment des fleurs. Ou encore, la taille sévère donne une floraison de qualité plutôt que de quantité.

Coupez toujours sévèrement les plantes lors de la première plantation – les thés et les thés hybrides moins que les hybrides perpétuels, et encore moins les plantes grimpantes.

Aussi déraisonnable que cela puisse paraître, les plantes à croissance vigoureuse ont besoin de moins de taille que les plantes moins actives.

La taille peut être commencée avec les hybrides perpétuels nains en mars, en laissant quatre ou cinq tiges de trois pieds de longueur si de grandes masses de fleurs sont souhaitées. Le résultat sera un grand nombre de petites fleurs. Si, par contre, on souhaite des fleurs moins nombreuses et plus grandes, toutes les pousses faibles doivent être supprimées et chaque canne saine conservée et coupée en vue du développement de la plante. Les plus faibles ne devraient pas avoir plus de quatre pouces de bois sur la racine, tandis que les plus forts peuvent en avoir huit ou neuf pouces. Taillez toujours une canne à environ un quart de pouce au-dessus d'un bourgeon extérieur, à moins que la canne ne soit très éloignée de la verticale, alors qu'une canne intérieure doit être laissée pour la pousse terminale. Veiller à ce que le bois ne soit pas déchiré ou meurtri lors de l'opération.

Il est préférable de reporter la taille des hybrides de thé et des thés jusqu'à l'apparition des premiers signes de vie. L'écorce devient plus verte et les bourgeons dormants commencent à gonfler. Le bois mort ou mourant sera alors facilement visible et pourra être retiré. N'oubliez pas que ces deux classes n'ont pas besoin d'une taille aussi sévère que les hybrides perpétuelles ; deux fois plus de bois peut être laissé en toute sécurité si cela semble prometteur.

Les rosiers dormants achetés au printemps arriveront des producteurs déjà partiellement taillés. En général, de la moitié aux deux tiers de la longueur restante de la canne doivent être coupés lorsque les plantes sont plantées, en éliminant entièrement tout bois meurtri ou mort. Gardez toujours à l'esprit, si votre conscience se révolte devant une coupe aussi sévère, que les bourgeons dormants les plus forts sont les plus proches de la base de la plante et que ce sont ceux-là que nous voulons forcer à pousser pour supporter les fleurs primées.

Avec les randonneurs, très peu de coupes sont nécessaires ; il suffit de couper les pousses qui semblent trop éloigner leurs voisines et de couper entièrement les cannes mortes.

Le *rugosa* est destiné à être un buisson plutôt qu'une plante forte et maigre pour des fleurs primées. Découpez simplement le vieux bois sec et coupez les pousses les plus longues à la forme souhaitée.

Utilisez un sécateur de première qualité afin que le travail puisse être effectué rapidement et, surtout, avec des coupes nettes ne présentant ni déchirure ni abrasion de l'écorce.

NUISIBLES

Permettez-moi de répéter une fois de plus que la campagne de loin la plus efficace contre les insectes et autres ravageurs qui infestent les rosiers réside non pas dans les pulvérisations et les épandages, mais plutôt dans le maintien, au mieux de nos capacités, d'un état de santé dans la plante elle-même. Ici, comme toujours, mieux vaut prévenir que guérir. On ne saurait non plus trop insister sur le fait que l'utilisation quotidienne d'un jet puissant mais finement divisé du tuyau rendra la vie sur le rosier misérable pour pratiquement tous les parasites.

Voici les principaux ennemis que nous pouvons rencontrer dans la roseraie. Ils sont brièvement décrits de manière à être reconnaissables une fois trouvés, et pour l'anéantissement ou le contrôle de chacun, l'un des nombreux remèdes est donné. Pratiquement chaque Rosaire développe, après un certain temps, ses propres formules pour ces poisons, de sorte que les livres sur les roses contiennent un assortiment merveilleusement varié d'armes - si nombreuses en fait qu'on pourrait penser que l'armée des ravageurs des roses ne pourrait jamais survivre jusqu'à présent. poursuivre leurs déprédations une autre saison.

Puceron ou mouche verte

Un petit pou vert pâle, ailé ou sans ailes, avec un corps ovale, mou et gras, apparemment trop gros pour ses pattes. Un seul puceron sur cinq générations peut devenir l'ancêtre de 6 000 000 000.

La fumée de tabac est une excellente arme ou, si un spray s'avère plus pratique à appliquer, une solution de 4 oz. de tiges de tabac bouillies pendant 10 min. dans 1 gallon. d'eau douce, fera l'affaire. Le même poids de chips de quassia peut remplacer le tabac. Si le tabac est utilisé, le moins cher que l'on puisse acheter est le meilleur pour cet usage. Filtrez la solution et ajoutez 4 oz. de savon doux encore chaud, en remuant bien pour dissoudre le savon.

Un autre remède : 1 pinte. de savon doux bouilli dans 2 pintes . d'eau douce, en ajoutant 1 pt. de paraffine avant refroidissement – est bien recommandé. Il doit être appliqué dilué avec de l'eau douce jusqu'à dix fois son volume. La paraffine agit comme un astringent qui, associé au savon doux, nettoie la plante du miellat exsudé par le puceron pour protéger ses pieds du froid et de l'humidité.

Moisissure

Maladie fongique qui peut apparaître lorsque les rosiers se trouvent dans un endroit humide, ombragé ou mal aéré. Bien que certaines variétés soient plus sensibles que d'autres à cette maladie, la roseraie située en plein air, où l'air est libre d'accès, ne sera pas trop gênée par le mildiou. Lorsque la maladie apparaît tard en automne, il n'y a pas lieu de la craindre.

Saupoudrer des fleurs de soufre sur le feuillage, en prenant soin d'atteindre le dessous des feuilles ainsi que le dessus, et sur le sol autour des plantes, est un remède bien établi . Il sera pratique de secouer la poudre d'un pot de levure chimique dont l'extrémité est percée de trous, si un pistolet à poudre ordinaire n'est pas à portée de main. Utilisez le soufre tôt le matin, lorsque la rosée aidera à le retenir sur les feuilles, ou bien arrosez au préalable les plantes.

Thrip des roses

Un petit insecte blanc jaunâtre aux ailes transparentes, que l'on trouve généralement sous les *feuilles* du rosier. Ce ravageur apparaît en essaims et fait jaunir le feuillage en un temps étonnamment court.

Si le ravageur apparaît, vaporisez quotidiennement les rosiers avec un tuyau comme suggéré ci-dessus. Si cela ne s'avère pas efficace, saupoudrez le dessous des feuilles d'hellébore blanc dans un pistolet à poudre. Solution de savon à l'huile de baleine, dans les proportions de 5 oz. de savon pour 1 gal. d'eau, est un très bon remède. Il est plus facile de dissoudre le savon si l'eau est chaude.

Chenille rose ou enrouleuse

Plusieurs types de chenilles peuvent apparaître, variant d'un demi à trois quarts de pouce de longueur et de couleur verte, jaune ou brune. Ils ont l'habitude de s'envelopper dans les feuilles du rosier ou de se frayer un chemin dans les boutons floraux. Dans ce dernier cas, ils risquent fort d'être négligés.

L'hellébore en poudre entravera leur progression, mais les armes de loin les plus efficaces sont le doigt et le pouce, gantés, si vous insistez.

Hanneton Rose ou Rose-bug

Ce coléoptère brun, mesurant moins d'un demi-pouce de long, est l'un des ravageurs des roses les plus connus. C'est une créature lente qui apparaît soudainement dans les armées pendant la saison de floraison en juin, et qui est d'autant plus ennuyeuse qu'elle consacre presque entièrement son attention aux fleurs elles-mêmes.

Le vert de Paris, saupoudré sur les plantes, tuera le ravageur, mais ce poison a la désagréable manière de ne montrer aucune discrimination intelligente dans le choix de ses victimes. En réalité, la seule méthode d'attaque satisfaisante consiste à faire tomber ces stupides créatures des fleurs dans une boîte de kérosène, puis à la brûler.

Limace Rose

Larve d' une tenthrède qui sort de terre en mai et juin. La femelle incise les feuilles et y dépose ses œufs, qui éclosent au bout d'environ deux semaines. Les limaces mangeront une quantité étonnante de feuilles si elles ne sont pas contrôlées. Ils mesurent environ un demi-pouce de long, sont verts et se trouvent sur la face supérieure de la feuille.

L'hellébore blanc en poudre, saupoudré sur le feuillage, ou la solution de savon à l'huile de baleine mentionnée pour le Thrip rose, le maintiendra sous contrôle.

Vers blanc

Un ennemi souterrain qui se nourrit des racines des rosiers. Le flétrissement ou la maladie de la plante est une raison suffisante pour qu'une recherche approfondie soit effectuée en la retirant. Le ver, qui est muni de six pattes près de la tête, et qui s'enroule en forme de croissant au repos, affectionne particulièrement les fraisiers ; il conviendra donc de les éloigner de la roseraie.

Il n'existe aucun insecticide efficace, en raison du point d'attaque souterrain. Soulever la plante et éliminer les vers est la seule chose qui puisse être faite.

Pou de l'écorce ou écaille blanche

Cela apparaît lorsque le rosier est cultivé dans un endroit humide et ombragé. Il est blanc comme neige et ses écailles individuelles mesurent environ un dixième de pouce de diamètre et sont irrégulièrement rondes.

Coupez et brûlez les pousses très infestées. Vaporisez avec 1 lb de savon dans 1 gallon. d'eau au début de l'hiver et de nouveau au début du printemps. Des applications estivales plus faibles peuvent également être utilisées : 1 lb dans 4 ou 6 gal. une fois toutes les trois semaines pendant toute la saison, elles atteindront toutes les larves .

Nos alliés

Il est bon de se rappeler qu'il y a des amis de la rose dans le monde animal inférieur, ainsi que des ennemis : le crapaud, la coccinelle, l'oiseau terrestre et l'hirondelle, en particulier. Le crapaud est parfois amené à distance par les jardiniers anglais pour aider à faire la guerre aux ravageurs ; la coccinelle peut être heureusement ignorée lorsqu'elle est vue ; et il peut être bon d'essayer d'attirer les oiseaux dans la roseraie en y éparpillant quotidiennement quelques miettes, pas trop, mais juste assez pour éveiller un réel appétit pour les insectes nuisibles.

PROPAGATION

La propagation de son propre patrimoine est une tâche pour laquelle l'expert est mieux préparé que le débutant pour lequel ce livre est écrit. Néanmoins, je doute que l'amateur passera par sa première année de culture de roses sans vouloir tenter de multiplier le stock de roses qui ont eu avec lui le plus de succès, ou de faire bourgeonner une variété de choix dans le jardin d'un ami sur le terrain d'accueil. -stock parental pour sa propre place.

Alors qu'en Angleterre le processus de bourgeonnement est très répandu et avec un certain succès parmi les rosaires amateurs et professionnels, chez nous, ce moyen de propagation semble se heurter à de plus grandes difficultés. Sauf dans le cas des variétés qui ne s'enracinent pas facilement à partir de boutures, cette dernière méthode de multiplication est généralement adoptée lorsqu'on souhaite des roses sur leurs propres racines.

Le meilleur moment pour prélever des boutures sur une plante est vers la fin de l'été, lorsque le bois mûr de la croissance de l'année en cours sera disponible. Dix pouces est une longueur pratique pour les morceaux et certains rosaires estiment que si un « talon », ou une partie de bois plus ancien, reste à l'extrémité inférieure, il y aura une plus grande probabilité d'enracinement. Retirez toutes les feuilles sauf les deux feuilles supérieures et placez la bouture dans un sol léger, ou même dans du sable pur, de manière à ce que seuls les deux bourgeons supérieurs soient exposés. Laissez les boutures en terre jusqu'à l'automne suivant, lorsque celles qui ont pris racine pourront être transplantées et placées à moins de profondeur dans leurs quartiers permanents.

Le bourgeonnement est un processus beaucoup plus intéressant à réaliser, et grâce à lui, nous pouvons avoir des roses plus robustes sur un cep comme le Manetti ou la bruyère. Un couteau très tranchant est nécessaire, avec du raphia pour attacher solidement le bourgeon dans le cep. Dans le cadre limité de ce livre, je ne peux qu'indiquer très grossièrement la procédure générale, et, en effet, le bourgeonnement s'apprend beaucoup plus facilement en regardant un rosarien habile le faire qu'en lisant de nombreuses pages de description. En bref, donc, un bourgeon, qui peut être trouvé sous n'importe quel pétiole, est soigneusement tranché, avec son écorce et son support en bois, à partir de la tige à moitié mûre de la variété à multiplier, laissant le pétiole en place pour servir de support. poignée. Il est probablement préférable de le faire en juillet. Après avoir retiré très doucement le support boisé de l'écorce et du bourgeon, ces derniers sont glissés dans une incision en forme de T pratiquée dans le porte-greffe, cette incision étant pratiquée à travers l'écorce jusqu'au bois même de la tige. Le bourgeon et son écorce de support sont insérés entre le bois et l'écorce du cep, cette dernière étant ensuite enveloppée de quelques tours de raphia pour maintenir le bourgeon en place. Après une période d'un mois, le bourgeon aura pris racine ou aura échoué, et le lien pourra être retiré.

Les rosiers que nous achetons déjà éclosés sur Manetti ou bruyère sont produits de cette manière, sauf que le bourgeon est inséré très bas sur la tige, de sorte que la jonction se fera sous terre. C'est l'endroit le plus souhaitable pour le bourgeonnement, assurant, si l'on coupe les drageons tels qu'ils peuvent apparaître, une plante qui, au-dessus du sol, ne montre que les pousses de la variété désirée.

Rameau d'une variété améliorée de rosier greffé et maintenu en place avec du raphia sur le cep d'un pousse vigoureuse comme Manetti . À droite se trouve une « ventouse » ou une croissance de la racine, et elle doit être coupée dès qu'elle apparaît.

Le greffage n'est pratiqué que dans le cas de roses cultivées sous serre, lorsque les greffons sont divisés en souches de Manetti ou de bruyère cultivées en pots à cet effet.

Le marcottage n'est utilisé comme moyen d'augmenter le stock que dans le cas de roses qui ne se détachent pas facilement des boutures. Elle consiste à plier une longue pousse afin qu'une partie de celle-ci puisse être ancrée sous terre pour prendre racine.

La multiplication par graines se limite aux efforts visant à obtenir de nouvelles variétés après une fertilisation croisée et constitue un processus décourageant, lent et incertain.

PROTECTION HIVERNALE

Ce sera un jour marquant pour les rosariens amateurs lorsque les rosiers favoris existants auront été tellement améliorés par croisement que nous pourrons laisser de côté tous les manteaux d'hiver de paille, de broussailles et de terre, avec l'heureuse connaissance que le printemps viendra. retrouvez

dans la roseraie autant de plantes vivantes que nous en avons eu la saison
précédente.

En Angleterre, le rosier « standard », ayant une longue tige issue de la souche
nourricière, est assez courant. Chez nous, on le voit moins fréquemment en
raison de la difficulté d'une bonne protection hivernale.

Bien que les hybrides perpétuels soient, pour la plupart, suffisamment
robustes pour résister à un hiver ordinaire sans protection, il fait toujours
partie de la sagesse de conserver leur énergie et leur santé en binant la terre
autour de leurs bases et en appliquant par-dessus le tout un revêtement de
terre rugueuse. fumier lors de la protection des Thés Hybrides et des Thés.
Dans les États du nord, il sera bon d'attacher le dessus de ces derniers avec
de la paille ou d'entourer le lit d'une bordure de planches ou de grillage, une
fois l'hiver installé, et de recouvrir les plantes d'une épaisse couverture de
feuilles maintenues au sol. au pinceau. Cette protection devrait être
supprimée progressivement en mars.

Là où les hivers sont particulièrement rigoureux, une précaution encore plus certaine consiste à déterrer les plantes et à les déposer dans des tranchées bien drainées, en les recouvrant de terre et d'une autre couche de feuilles, de paille ou de broussailles. L'objectif n'est pas du tout de protéger les plantes du gel, mais d'éviter l'alternance si désastreuse de gel et de dégel.

Un autre traitement pour les roses tendres consiste à les hiverner dans des caisses de terreau dans une cave fraîche. Dans ce cas, veillez à ce que la terre ne se dessèche pas entièrement. Au moment de la plantation au printemps , les plantes dormantes seront retirées, trempées dans un seau de boue fine et replantées dans le jardin.

Bien que nous soyons peut-être prêts pour le moment à prendre de telles précautions avec les rosiers de jardin, la plupart d'entre nous ne se soucieront pas de dorloter les grimpeurs à ce point. Au-delà du binage d'un monticule de terre autour de leurs bases et de leur revêtement, nous laisserons les grimpeurs mener leurs propres batailles, et laisserons le résultat au principe de la survie du plus fort.

LISTES DE ROSES FIABLES

Il est en effet difficile de sélectionner, à partir de l'expérience des rosiéristes et des longues listes des catalogues des pépiniéristes, quelques-unes qui puissent être désignées en toute sécurité comme les meilleures roses. En fait, c'est une tâche que personne ne voudrait entreprendre. Il peut toutefois être utile d'ajouter la liste suivante : ce ne sont en aucun cas les seules bonnes roses, mais en choisissant l'une ou l'ensemble de celles-ci, l'amateur ne peut pas s'égarer. Pour le bénéfice de son expérience et de ses conseils concernant ces listes, je suis redevable, entre autres, au Dr Robert Huey, de Philadelphie, probablement le cultivateur amateur de roses le plus expérimenté des États-Unis.

Il a été jugé préférable de ne pas tenter de descriptions individuelles ni d'entrer trop loin dans les détails des couleurs. Les listes sont donc regroupées en sous-divisions grossières sous les couleurs principales, et l'on comprendra que le « rose », par exemple, comprendra une gamme assez large de teintes variées.

PERPÉTUELLES HYBRIDES

Blanc — Merveille de Lyon, White Baroness, Frau Karl Druschki , Margaret Dickson, Mabel Morrison, Gloire Lyonnaise (en réalité un Thé Hybride, mais comme il ne fleurit qu'en juin, il peut être inclus dans la classe Hybride Perpétuel).

Rose - Baronne Rothschild, Caroline D'Arden , Heinrich Schultheis , Sa Majesté, Lady Arthur Hill, Mme George Dickson, Mme Harkness, Susan Marie Rodocanachi , Mme John Laing, Paul Neyron , Marie Finges , marquise de Castellane , Mme. RS Sharman-Crawford, Souvenir de la Malmaison.

Rouge — Capitaine Hayward, Fisher Holmes, Général Jacqueminot , Oscar Cordel , Ulrich Brunner, duc d'Édimbourg, duc de Teck, Anne de Diesbach , duc de Fife, Étienne Levet , prince Arthur, Ard's Rover (grimpeur).

Le prince Camille de Rohan est la meilleure des roses très foncées, parmi lesquelles se trouvent également le sultan de Zanzibar, Louis Van Houtte et Xavier Olibo . Ce sont cependant des producteurs faibles et ils n'apportent souvent pas leurs fleurs à la perfection.

THÉS

Blanc — Maman Cochet Blanche, L'hon. Edith Gifford.

Rose —William R. Smith, Maman Cochet, Souvenir d'un Ami, Duchesse de Brabant, Mme BR Cant.

Jaune —Harry Kirk, Étoile de Lyon, Francisca Krueger, Isabelle Sprunt, Safrano , Marie Van Houtte .

THÉS HYBRIDES

Blanc ou de couleur claire et mixte — Vicomtesse Folkestone , Pharisaer , Molly Sharman-Crawford, Ellen Wilmot, Grace Molyneaux, Antoine Revoire , Joseph Hill, Mme AR Waddell, Betty, prince de Bulgarie , La Tosca, Kaiserin Augusta Victoria.

Rose — Killarney, Lady Alice Stanley, Lady Ursula, Dean Hole, Lyon Rose, Dorothy Page Roberts, Madame Edmée Metz, Lady Ashtown , Mme Charles Custis Harrison, Caroline Testout , La France.

Jaune — Duchesse de Wellington, Mme Aaron Ward, Madame Ravary , Madame Mélanie Soupert , Madame Hector Leuillot , Mélodie.

Rouge — George C. Waud , Lawrent Carle, Gruss an Teplitz , Château de Closvoges , Étoile de France.

ROSES MOUSSE

Blanc — Blanche Moreau.

Rose —mousse à crête.

RUGOSA ET SES HYBRIDES

Blanc —Blanc Double de Coubert ; *Rosa rugosa* , var. *alba* .

Rose —Conrad F. Meyer.

Rouge — Arnold ; *Rosa rugosa* , var. *rubra* .

HYBRIDES WICHURAIANA

Blanc — Wichuraiana, Dorothy blanche.

Rose —Lady Gay, Dorothy Perkins, WC Egan, Sargent.

Rouge —Hiawatha.

NOISETTES

Jaune — Drap d'Or, Rêve d'Or (grimpeur), Jaune de Fortune.

POLYANTHAS

Blanc — Trèves, Catherine Ziemet .

Rose — Tausendschön , Clothilde Soupert .

Rouge : pilier carmin.

ROSIERS DES PRAIRIES

Blanc —Baltimore Belle.

Rose —Rosa *setigera* .

BRIERS AUTRICHIENS

Jaune : jaune Harrison, jaune persan, cuivre autrichien.

UN GLOSSAIRE DE TERMES

Anthère : une forme arrondie en forme de bouton au sommet de l'étamine, contenant le pollen.

Callus : gonflement qui se produit à la base d'une bouture avant la formation des racines.

Calice : feuilles vertes étroites ou sépales formant l'enveloppe du bourgeon.

Corymbe : un groupe de tiges florales issues d'une tige commune et formant un sommet plat.

Bouture : section d'une tige contenant plusieurs yeux ou bourgeons dormants, prélevée pour la propagation d'une nouvelle plante.

Ébourgeonner : priver une tige de boutons floraux en les pinçant ou en les effaçant. Ceci est fait afin de jeter plus d'énergie dans le ou les bourgeons restants.

Hep ou hanche : la gousse.

Hybride : nouvelle espèce résultant de la fécondation croisée de deux espèces.

Foliole : un seul membre de la feuille composée portée par tous les rosiers.

Plante vierge : plante qui fleurit pour la première fois après avoir été bourgeonnée ou greffée sur un cep.

Ovaire : extrémité inférieure creuse d'un pistil, contenant les graines de l'embryon.

Panicule : grappe de fleurs portées irrégulièrement sur une tige.

Pétiole : la tige à laquelle les différentes folioles sont attachées.

Pistil : organe porteur de graines au centre d'une fleur, composé d'un ou plusieurs styles, d'un ou plusieurs stigmates et de l'ovaire.

Pollen : substance poudreuse présente dans les anthères.

Remontant—appliqué aux roses qui fleurissent pour la deuxième fois en été.

Sépales : feuilles vertes étroites d'une texture moelleuse formant le calice.

Sport : pousse ou drageon d'une plante, présentant une ou plusieurs caractéristiques particulières la distinguant de son parent.

Étamines : les organes mâles entourant le pistil.

Stigmate : l'extrémité supérieure du pistil, capable de recevoir le pollen et reliée à l'ovaire par un tube descendant à travers le style.

Style : support en forme de colonne dressée du stigmate.

Meunier : branche ou pousse provenant de la racine ou de la tige d'une plante, sous la surface du sol. Fréquemment utilisé pour désigner une pousse provenant du porte-greffe d'une plante bourgeonnée ou greffée.